艺术设计专业教材 环境艺术设计

景观设计表达

王清正 李淼 编

天津出版传媒集团

天津人民美术出版社

U0344338

图书在版编目（CIP）数据

景观设计表达 / 王清正，李淼编. -- 天津 ：天津
人民美术出版社，2021.12
艺术设计专业教材. 环境艺术设计
ISBN 978-7-5729-0331-1

Ⅰ. ①景… Ⅱ. ①王… ②李… Ⅲ. ①景观设计－高
等学校－教材 Ⅳ. ①TU983

中国版本图书馆CIP数据核字(2021)第260211号

艺术设计专业教材 环境艺术设计 景观设计表达
YISHU SHEJI ZHUANYE JIAOCAI HUANJING YISHU SHEJI JINGGUAN SHEJI BIAODA

出 版 人：杨惠东
责任编辑：刘　岳
助理编辑：边　帅
技术编辑：何国起
出版发行：天津人民美术出版社
地　　址：天津市和平区马场道 150 号
邮　　编：300050
网　　址：http://www.tjrm.cn
电　　话：（022）58352963
经　　销：全国新华书店
印　　刷：天津美苑印刷制版有限公司
开　　本：889毫米×1194毫米　1/16
版　　次：2021年12月第1版
印　　次：2021年12月第1次印刷
印　　张：6.25
印　　数：1-1000
定　　价：78.00元

目录

第一章 景观手绘线稿基础知识

第一章 景观手绘线稿基础知识

1.1 景观设计草图的内涵与意义

手绘草图是设计师必备的技能，一名优秀的设计师不仅要熟练地掌握各种软件，更多的是利用手绘将其思想、设计理念快速地表达出来。草图是通过图像或图形的方式来表达设计师独具匠心的设计思维和设计理念的一种设计语言，是设计师内心真实感情而作出的创作，是最直接的"视觉语言"。在如今这样一个电子高速发展的时代，人们普遍对于电脑绘图更加感兴趣，而忽略了手绘草图。但是手绘更能表现设计师的创意，尤其在设计初期，创意草图能直接反映出设计师的灵光乍现，并且手绘表现更便捷、直观、自由、且与思维能够同步。手绘草图的创作过程中，它可以快速地抓住设计师脑中一闪而过的思维，记录思维碰撞产生的灵感火花，表现出设计师内心最真实的想法。在我国有很多的手绘大家，夏克梁、沙沛、陈卫红、杨键等，均画过大量的手绘，手绘不但成为丰富他们创作的纽带，沟通生活和创作之间的桥梁，还真实地记录了时代的变迁。著名现代主义建筑大师密斯·凡德罗曾说过："当技术实现了它的真正使命，它就升华为艺术。"手绘图在不同创作者笔下表现出的不同的艺术情感，都是计算机软件图纸所不具备的。（图1-1、图1-2）

手绘的目的是设计，如今也是设计者必须掌握的一种技能。手绘作为表现创意与捕捉灵感的载体，能够帮助设计师在项目的创作构思阶段进行对产品及设计对象的调整，同时也充分表现出设计师的内在想法与衡量设计师专业素养的一种有效依据。日本著名的设计家佐野宽说："只有从艺术家到设计师，没有设计师到艺术家。"手绘水平的高低可以看得出一个设计家专业素养的高低。（图1-3、图1-4、图1-5）

图 1-3 安藤忠雄的日本札幌某墓园佛像草图与实物

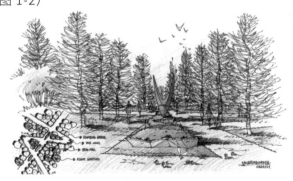

图 1-1 空间手绘草图分析（王清正）

图 1-2 空间手绘草图表现（马晓晨）

图 1-4 弗兰克盖里的迪士尼音乐厅草图与实物

1.2 景观设计草图的类别

景观手绘表现形式各种各样，风格迥异。其中不乏严谨工整的，也有粗犷奔放的，同样也有情感真切、细致入微的……但无论哪一种表现手法，都是建立在对于景观手绘深入了解的基础之上的。对于设计者而言，不同条件、不同阶段，自然对于手绘图纸的表达不尽相同。

1.2.1 记录性草图

记录性草图作为设计者不断完善自己的素材库、记录生活中随笔的重要形式，其作图形式往往是随意的、自由的、不受拘束的。通常是对所看到的景致简单勾画几笔，只求自己记住，完善自己大脑中的"资料库"。（图1-6、图1-7、图1-8）

图 1-6 记录性草图表达（邓蒲兵）

图 1-5 扎哈 · 哈迪德的法国蒙彼利埃大厦草图
与实物

草图本身是潦草的、不详细的，而正是这种所谓的"不详细"为后续设计的发展与推进创造了无限可能。通过手绘草图迅速确定整体的、大的设计构想是极其重要的，随着设计的不断深入，内容越来越详尽细致，设计才慢慢从手绘草图阶段脱离开来，从而转向计算机精准制图。由此可见，手绘草图对于方案设计前期表达和思路推进的重要意义。

图 1-7 记录性草图表达（邓蒲兵）

图 1-8 记录性草图表达（邓蒲兵）

1.2.2 快速设计构思草图

　　在进行设计创作过程中，在观察物象的同时，我们常常会在大脑中将视觉数据进行分析与组合，这时，草图可用来记录设计者对视觉数据进行初始化分析和想象的过程。设计是对设计条件不断协调、评估、平衡，并决定取舍的过程，在方案设计的开始阶段，我们最初的设计意象是模糊而不确定的，草图能够把设计过程中偶发的灵感以及对设计条件的协调过程，通过可视的图形记录下来。这种绘图方式的再现，是抽象思维活动最适宜的表现方式，能够把设计思维活动的某些过程和成果展示出来。(图1-9、图1-10)

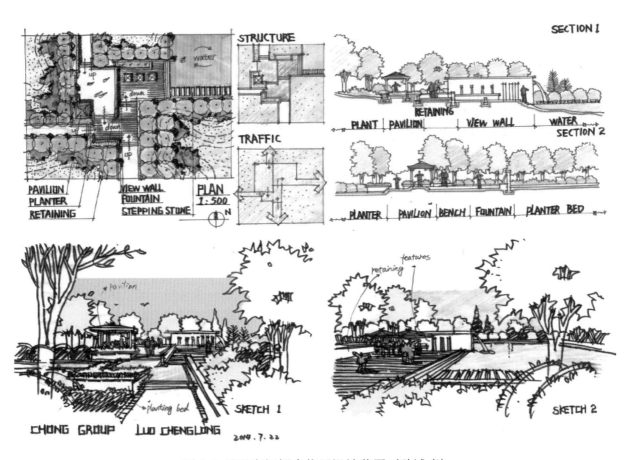

图 1-9 景观空间概念构思设计草图（孙述虎）

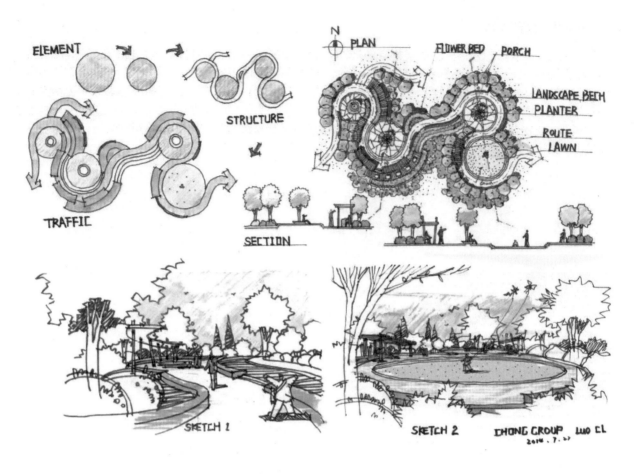

图 1-10 景观空间概念构思设计草图（孙述虎）

　　当我们拿到一个设计题目时，常常会对项目进行空间分析与推敲，在推敲的过程中慢慢形成自己的一些想法，经过反复几次这样的过程，方案开始进一步地确定，同时在进行设计草图的修改中往往会有一些意想不到的收获。草图是运用图示的形式来进行推进思维的活动，用图示来发现问题，尤其是方案开始阶段，运用徒手草图的形式把一些不确定的抽象思维慢慢地图示化，捕捉偶发的灵感以及具有创新意义的思维火花，一步一步地实现设计目标。设计的过程是发现问题、解决问题的过程，设计草图的积累可以培养设计师敏锐的感受力与想象力。

1.2.3 手绘效果图

正式的效果表现图一般会在设计最终完成的阶段绘制。这个时候的正式效果图画面结构严谨，材质色彩和光影布局准确。这种手绘效果图最大尺度地接近真实环境氛围。然而景观手绘效果图既不能像纯绘画那样过于主观随意地表达想法，也不能像工程制图那样刻板，要在两者之间做到艺术与技术兼备，一般来说应具备以下几点：

1. 空间整体感强，透视准确；

2. 比例合理，结构清晰，关系明确，层次分明；

3. 色彩基调鲜明准确，环境氛围渲染充分；

4. 质感强烈，生动灵活。（图 1-11、图 1-12、图 1-13）

图 1-13 景观设计手绘效果图（王清正）

1.2.4 电脑手绘草图新概念

在当前设计中，利用电脑制作完成大部分工作与图纸的表达，是手绘行为的一种取代，而我们所介绍的电脑手绘与传统的电脑制作不同，是利用电脑触屏的功能区创造出更富有创意的设计，大大提高工作效率与便捷性。

电脑手绘能够将真实的手绘特性、创作优势与电脑进行完美的结合，发挥出各自的优势，而进行电脑手绘创作的学习却非常简单便捷，Procreate 和 Sketch Book 等绘图软件为大家提供了更多的创作空间。（图 1-14、图 1-15、图 1-16）

图 1-11 景观设计手绘效果图（邓蒲兵）

图 1-14 电脑手绘草图设计（王清正）

图 1-12 景观设计手绘效果图（马晓晨）

图 1-15 电脑手绘草图设计（王清正）

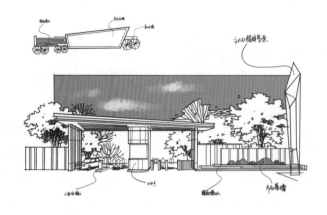

图 1-16 电脑手绘草图设计（王清正）

1.3 手绘快速学习的方法与技巧

1.3.1 画好草图

　　人人都能学会画草图，即便是一些没有美术基础的人，经过一定的训练也能够画好草图，许多技法娴熟的设计师最初的作品也是幼稚的，但只要勤于练习，制定一个合理而有效的学习目标，在长期努力中，快速手绘的能力就会日益熟练。

1.3.2 临摹与写生

　　临摹优秀作品是提高手绘能力的一个重要手段。选择一些有代表性的作品进行针对性地学习，在临摹的过程中体会各种工具的使用技巧，这样能事半功倍。临摹一般由简单的空间开始，这样比较容易控制画面。在临摹的过程中一定要带着思考去学习，而不是简单地临摹。这个过程可以提高我们对各种表现工具的认识和基本技法的掌握。其次就是写生，设计草图很多时候往往都是以速写的形式出现，速写能够提高我们快速思考的能力，同时不断地提高对空间快速概括与提炼的能力。（图 1-17、图 1-18）

图 1-17 风景写生（王清正）

图 1-18 风景写生（王清正）

1.3.3 把手绘草图养成一种习惯

养成一个经常手绘草图的习惯，不断地坚持下去，人人都能画出一手漂亮的手绘图。前期通过多画一些速写与钢笔画来打好基础，临摹与创作相结合，达到融会贯通的程度，手绘学习就会变得容易。要明确学表现是为了表达设计，而不能为了纯粹的表现而表现，应该在设计的指引下，丰富和完善自己的表现能力，为日后的设计更好地服务。

第二章 透视原理与景观图纸表达

第二章 透视原理与景观图纸表达

2.1 常用工具与材料介绍

"工欲善其事，必先利其器。"在快速手绘表达的过程中，良好的工具与材料不仅对效果图表现起着至关重要的作用，也为技法的学习提供

图 2-1 设计手绘常用工具

了许多便利的条件。本小节主要介绍手绘效果图常用的工具。（图 2-1）

根据多年来的教学经验，我们列出了一些工具的介绍与选择的方法，对于致力于用绘画的方式来探索解决方案的创意者将会有所裨益。设计绘图工具很多，但是在我们实际绘图的过程中需要进行简化，简化工具的好处在于选择几个最中意的工具，有助于熟练地掌握这些工具，对大脑的思维进行锻炼，凸显视觉图像与思路，而不是将重点放在创造一幅绘画上面。

2.1.1 纸张的选择与使用

选用不同的纸张，在绘图过程中就会绘出不同的色泽和效果。油性马克笔在吸水性较强的纸上着色会出现线条扩散的效果。因此，选择合适的纸张非常重要。用于马克笔表现的常用纸有：马克笔专用纸、硫酸纸、一般的复印纸等。一般练习可采用复印纸；硫酸纸也是马克笔作图的理想用纸，它无渗透性，便于修改，纸面晶莹光洁，正反面均可使用，并为画面增添含蓄的韵味。（图2-2）

图 2-2 打印纸与硫酸纸

2.1.2 彩铅

彩色铅笔是一种常用的效果图辅助表现工具，色彩齐全，刻画细节能力强，色彩细腻丰富，便于携带且容易掌握。（图 2-3）

图 2-3 辉柏嘉彩色铅笔

尤其在表现画幅小的效果图时非常方便，拿来即用，同时也解决了马克笔颜色不齐全的缺憾。

2.1.3 马克笔

马克笔可分为水性马克笔和油性马克笔，是一种常用的效果图表现工具。马克笔的笔端有方形和圆形之分，方形笔头整体、平直，笔触感强烈而且有张力，适合于给块面的物体着色，而圆形笔端适合较粗的轮廓勾画和细部刻画。

马克笔的颜色号码是固定的，难以调配使用，只能利用它色彩透明的特点一层一层地叠加使用。马克笔颜料根据不同的要求，配置出同色相而深浅不同的多种明度和纯度的色笔，可达上百种，且色彩的分布按照使用频度分成几个系列，绿色系、蓝色系、暖灰色系、冷灰色系、黄色系、红色系等，熟悉之后使用起来非常方便。

1. 美国 AD 牌马克笔——笔头相对比较宽，比较利于大面积着色，色彩比较柔和淡雅。（图2-4）

图 2-4 AD 马克笔

2. 斯塔品牌，价格相对比较实惠。（图2-5）

图 2-5 斯塔马克笔

2.1.4 修正液与高光笔的使用

修正液与高光笔一般在画面收尾的时候使用。第一可以用来修正画面错误的地方，第二可以用来提高光，针对一些特殊的材质起到画龙点睛的作用。如表现玻璃、水景、反光的时候时常会用到。（图2-6）

图 2-6 修正液的使用

2.2 如何快速掌握景观透视图画法

景观效果图是根据总平面图绘制而成的，顾名思义就是根据透视法则进行绘画与表现的图，透视图能够符合视觉规律地把事物、空间环境准确地反映到画面上，使人看了真实、自然。

对于透视，应掌握以下两个基本元素，一条视平线，一个或多个消失点。

透视图相对于平立面图来说更加复杂一些，也是令初学者比较棘手的一个问题，一张好的透视图可以让整个图面看起来更加舒服，也能够更好地反映作画者的设计与艺术修养。

透视的原理讲解起来也十分复杂，对于快速设计表达来说，没有太多的必要去研究透视原理，只需要掌握基本的透视法则以及一些常用的构图方法即可。再加上自己的大量练习，一般都能够掌握快速手绘草图表现技法。

按照主要元素与画面关系来说的有一点透视、两点透视、鸟瞰图。一般来说，一点透视最为常用，掌握起来也相对简单。

2.2.1 一点透视

在景观效果图表现中，一点透视是最基本的透视表现方法，一点透视给人平衡稳定的感觉，适合表现安静、进深感强的空间，同时一点透视利于学习与掌握，控制好进深和比例关系就能够快速掌握一点透视，在景观效果图表现中运用广泛。（图2-7、图2-8、图2-9）

图 2-7 一点透视

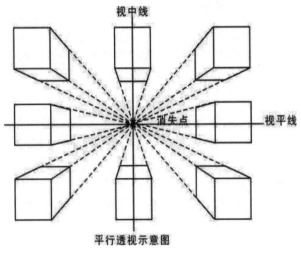

图 2-8 一点透视一点消失、横平竖直

2.2.2 两点透视

两点透视也称为成角透视，也就是景观空间的主体与画面呈现一点角度，每个面中相互平行的线分别向两个方向消失，且产生两个消失点的透视现象。与一点透视相比，成角透视更能够表现出空间的整体效果，是一种具有较强表现力的透视形式（图 2-10、图 2-11）。

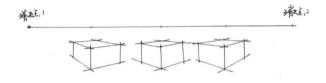

图 2-10 两点透视概念图

图 2-11 两点透视草图在设计中的运用

两点透视的特点：

1. 所有物体的消失线向心点两边的余点处消失；

2. 自由、活泼，反映环境中构筑物的正侧两个面，易表现出体积感；

3. 有较强的明暗对比效果，富于变化；

4. 景观环境的表现中常用的透视方法。

注意事项：两点透视也叫成角透视，它的运用范围较为广泛，因为有两个点消失在视平线上，消失点不宜定得太近，在景观效果图中视平线一般定在整个画面靠下的 1/3 左右的位置。

图 2-9 一点透视草图在设计中的运用

一点透视的基本特征为：

1. 物体的一个面与画面平行；

2. 画面只有一个消失点；

3. 空间产生的纵深感比较强；

4. 所有水平方向的线条保持水平，所有垂直方向线条保持垂直。

2.2.3 鸟瞰图透视表现

鸟瞰图作为画面表达的一种常用的形式,它可以让设计构思表达更加清晰完整,下面将讲解如何快速表达鸟瞰图,应该掌握哪些基本的技巧与方法。

鸟瞰图特点:

1. 人俯视或仰视物体时形成的结果,在垂直方向产生第三个灭点;

2. 适合表现硕大体量或强透视感,如高层建筑物、建筑群、城市规划、景观鸟瞰图等。

要画好鸟瞰图,应做以下训练:

1. 多画小草图

鸟瞰图一般场景比较大,掌握起来有一定的难度,可以先画小稿的草图,通过小的草图来推敲空间的尺度与处理的形式,简单地上一点颜色,这种方法往往十分奏效。(图2-7)

2. 简化场地结构

将场地进行简化后,可以得到基本的鸟瞰平面结构图,根据画面的内容简单分析不同景观元素的分布与比例关系。(图2-12)

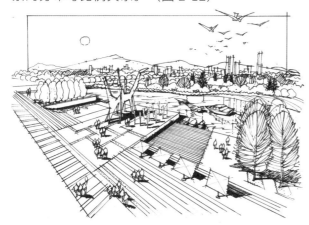

图 2-12 鸟瞰图表现(邓蒲兵)

2.2.4 如何从平面图生成空间透视

在掌握了如何利用透视关系进行真实的空间表达后,即表示我们可以通过手绘的方式来表述自己的观点,并自由地呈现。作为城市速写,可以比较随意,而作为设计表达图,往往需要配合平面图来进行一些具体的空间表达。

要准确地表达出平面图的内容,需要对设计的内容进行熟练的理解,并能够快速构建出它的空间关系,再根据设计特点来选择一个好的视点,把设计的最佳一面呈现出来。下面探讨如何将平面图转化为空间透视。

尝试将不同的景观平面元素生成空间透视。对于很多学习者来说,一开始尝试大场景空间表达往往以失败告终,因为从二维平面到三维立体空间需要有一个很准确的形体比例空间,场景大,控制起来比较难,不妨先尝试一些随意的平面到空间的表达,如一个水池座椅的组合、一个景观亭的小环境、一组景观山石等,这些小的景观空间元素构成相对简单,通过大量的练习掌握好一种空间尺度关系后,能够以不变应万变。(图2-13、图2-14)

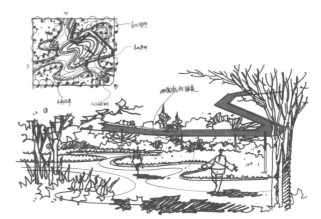

图 2-13 平面升空间草图表达(王清正)

图 2-14 平面升空间草图表达(王清正)

根据平面图来快速生成空间的另外一个方法是根据平面图的布局形式，依次确定出它们的空间位置，然后逐步深入，如下：

1. 确定出平面布置图在空间中的位置；

2. 依次确定出不同元素的材质与空间构架；

3. 加入植物、人物等景观元素，丰富画面的空间氛围。

2.2.5 快速透视草图的画法与运用

徒手绘制概念草图对于快速设计构思来说已经是一种非常重要的能力，不管面对什么样的工作任务，快速概念草图都会成为设计师表达设计理念最简洁明了的方式，对于设计师来说它是一项基本的设计创意行为，手绘草图能够帮助我们去思考和发挥创意，为后期方案深化提供指导。(图2-15、图2-16)

图 2-15 快速透视图表现（邓蒲兵）

图 2-16 快速透视图表现（邓蒲兵）

　　快速效果图绘制，构图是很重要的一个环节，构图不理想，会影响画面的最终效果。构图阶段需要注意以下各要素，如透视，确定主体，形成趣味中心，各物体之间的比例关系。还有配景和主体的比重等，有些复杂的空间甚至需要多画几张草图拉出透视，尽量做到准确。

　　层次与空间感：画面虽是一个平面，但需要反映出前后的层次，使画面具有空间感。

　　画面的长宽比：画面较宽的，比较适合表现大的场景或者舒缓的场景，如大草坪、湖面等；画面较窄的，比较适合表现高耸、深远的场景。

　　色彩处理简洁：作为快速概念草图上色，能够简单表达主体设计构思即可，无须过分渲染，重点部分给予适当的色彩。

　　快速高效：多用简化的图例，减少细节刻画，大胆下笔，追求高效便捷的处理形式。

第三章 色彩原理与着色技巧

第三章 色彩原理与着色技巧

3.1 马克笔表现基础技法

马克笔分为水性和油性两种,主要通过线条的循环与叠加来取得丰富的色彩变化。马克笔与其他色彩表现工具的区别在于其颜色调和比较难,而且不易修改,所以用马克笔作图之前一定要做到心中有数,马克笔表现的方法基本是深色叠加浅色,否则浅色会稀释掉深色致使画面变脏。马克笔几乎适用于各种纸张,在不同的纸张上会产生不同的效果。

3.1.1 马克笔色彩渐变与过度

色彩逐渐变化的上色方法称为退晕,可以是色相上的变化,比如从蓝色到绿色,也可以是色彩明度的变化,从浅到深的过度变化,也可以是饱和度的变化。世界上很少有物体是均匀着色的,直射光、放射光形成了随处可见的色彩过渡,色彩过渡使画面更加逼真,鲜明动人。(图 3-1)

图 3-2 细笔触在植物上色过程中的运用(王清正)

3.1.2 马克笔体块与光影表现

光影是马克笔表现的重要元素,平日可以通过对体块的训练,掌握画面黑白灰关系,利于对画面体积与光影关系的理解,利于在后期进行空间塑造。(图 3-3、图 3-4、图 3-5、图 3-6)

图 3-1 马克笔色彩渐变与过渡

图 3-3 马克笔体块表达　图 3-4 马克笔体块表达

在景观空间快速表现中,通常各种元素的形态比较严谨,不适合大块的颜色进行铺设,植物很多时候会采用细笔触进行上色,这种笔触往往利于控制植物形体,适合形态较为严谨的景观空间表现。(图 3-2)

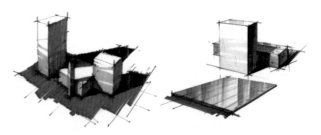

图 3-5 马克笔光影表达　图 3-6 马克笔光影表达

3.1.3 马克笔与其他工具结合运用

通常马克笔设计表现图中，需要与彩铅结合使用。马克笔与彩铅的结合使用可适当增加画面的色彩关系，丰富画面的色彩变化，加强物体的质感，但不宜大面积使用。（图3-7、图3-8）

图 3-7 马克笔与彩铅结合使用

图 3-8 马克笔与彩铅结合使用突出质感（王清正）

3.2 景观元素表现技巧与配景表达

3.2.1 乔木、灌木、地被等景观植物的表现

植物作为景观中重要的配景元素，在景观设计中占的比例非常大，植物的表现是透视图中不可缺少的一部分。自然界中的树千姿百态，各具特色，各种树木的枝、干、冠决定了各自的形态特征，因此学画树之前，首先要观察树木的形态特征以及各个部分的关系，了解树木的外轮廓形状，学会对形体的概括，初学者在临摹过程中要做到手到、眼到、心到，学习别人在树形的概括和质感的表现处理上的不同手法与技巧，只有熟练地掌握不同植物的形态，画的时候才能下笔有神。同时应该经常写生，锻炼对形体的概括和把握能力。

在景观设计中运用较多的植物主要有乔木、灌木、草本三类。每一种植物的生长习性不同，造型各异。画面中植物表现的好坏直接影响到画面的优劣，需要进行重点练习。（图3-9）

图 3-9 前景、中景、远景植物在空间效果图中具体表现形式（马晓晨）

树木一般分为5个部分：根、干、枝、叶、梢，从树的形态特征看，有缠枝、分枝、细裂、节疤等，树叶有互生、对生的区别。了解这些基本的特征规律后有利于快速表现，画树先画树干，树干是构成整体树木的框架，注意枝干的分支习性，合理安排主干与次干的疏密布局安排。画近景的树时需要刻画详细，以表现出其穿插的关系，应做到以下几点：

1. 清楚地表现枝、干、根各自的转折关系；

2. 画枝干时注意上下多曲折，避免使用单线；

3. 嫩叶、小树用笔可快速灵活，老树结构多，曲折大，应描绘出其苍老感；

4. 树枝表现应有节奏美感，"树分四枝"指的就是一棵树应该有前后、左右四面伸展的枝丫，方有立体感，只要懂得这个原理，即使只画两三枝，也能够表达出疏密感来。

远景的树：远景的树在刻画时一般采取概括的手法，表达出大的关系，体现出树的形体，色彩纯度降低。

前景的树：前景的树在表现时应突出形体概念，着色相对较少，更多的时候只画一半以完善构图收尾之用。

（1）乔木的表现

乔木是指树身高大的树木，由根部生长出独立的主干，树干和树冠有明显的区分，与低矮的灌木相对应。杨树、槐树、松树、柳树等都属于乔木类。

学会画出不同的景观植物非常重要，既能够表现茂盛的树叶，也能够画出萧瑟的树枝，这个在前期概念图表现阶段是非常有用的，不同的树种在形态上千变万化，但是都会有一个共同的分支形式，也是普遍存在的一种生长规律。

通过练习如下的基本技巧，可以快速表达基本的树木造型，再根据树种与特征的变化，画出它们在树枝与形态上的布局差异即可。（图3-10）

图 3-10 乔木马克笔表现（邓蒲兵）

植物表现要点：基本的形态与分枝训练。

以地面为中心，均衡的形式朝树冠的位置画出几个分支，通过椭圆形来表达树冠的形态，以此获得植物的基本形态，在实际绘制过程中，可以先画出几条主树权，再在主树权上面分出几个二级树权，部分穿过树冠，形成通透的趣味性，用转折的折线来表达出树冠，部分树权穿透树冠，增加植物的生动性。（图3-11、图3-12、图3-13、图3-14）

图 3-11 乔木马克笔表现步骤 1（邓蒲兵）

图 3-12 乔木马克笔表现步骤 2（邓蒲兵）

图 3-13 乔木马克笔表现步骤 3（邓蒲兵）

图 3-14 乔木马克笔表现步骤 4（邓蒲兵）

（2）灌木与花草地被表现

灌木与乔木不同，植株相对矮小，没有明显的主干，呈丛生状态，一般可分为观花、观果、观枝干等几类，是矮小而丛生的木本植物。单株的灌木画法与乔木相同，只是没有明显的主干，而是近地处枝干丛生。灌木通常以片植为主，有自然式种植和规则式种植两种，其画法大同小异，注意疏密虚实的变化，进行分块，抓大关系，切忌琐碎。灌木花草形态多变，线条讲究轻松灵活，在这个阶段需要多练习，多感受。（图 3-15、图 3-16）

图 3-15 乔木与地被马克笔表现（邓蒲兵）

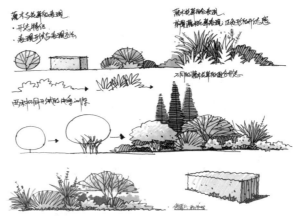

图 3-16 灌木与花草地被马克笔表现（邓蒲兵）

（3）景观植物组合表现

在进行景观设计时，很多时候会利用植物来进行空间的营造，以及植物造景，需要我们对植物图例（乔木、灌木、花草）十分熟悉，才能够在表达的时候简单快速，在表现的过程中应注意以下几点：

①单个植物图例能够熟练表达；

②植物组合造景要梳理好前景、中景、远景等几部分植物层次的基本关系；

③植物形态选择方面要高低错落，从前到后的高低错落关系清晰。

植物组合表现步骤（图3-17、图3-18、图3-19、图3-20）

图 3-17 植物组合马克笔表现（邓蒲兵）

图 3-18 植物组合马克笔表现（邓蒲兵）

图 3-19 乔木组合马克笔表现（马晓晨）

步骤一：根据不同的植物特点勾画出不同的形态，在钢笔线稿刻画中需要把握线条的虚实关系，一般前景的植物刻画精细，远景弱化。从整个画面大关系入手，考虑画面整体的色彩关系与黑白灰的变化，用浅绿色从植物亮面开始着色，用笔的次数不宜过多，多用回笔，避免植物笔触过于明显。

步骤二：铺设整体的色调，有规律地去组织马克笔笔触的变化，有利于形成统一的画面。

步骤三：马克笔上色的步骤一般是先浅后深，在铺设了大概的色彩关系之后需要用重色进行加深与点缀，对于前景与画面视觉中心的部分深入刻画细节，适当注意暗面的色彩倾向与色彩的协调。回到整体，调整画面的色彩关系，对于远景比较跳跃的颜色用灰色适当地协调，马克笔颜色本身比较鲜艳，在处理远景的时候要谨慎，注意拉开画面的前后空间关系。

图 3-20 棕榈、松柏植物组合马克笔表现（马晓晨）

3.2.2 景观山石与水景表现

石是园林构景的重要素材，如何表现这些构景元素，是园林景观设计学习的重要部分。石的种类很多，中国园林常用的石有太湖石、黄石、青石、石笋石、花岗石、木化石等。不同的石材质感、色泽、纹理、形态等特性都不一样，因此，画法也各有特点。

山石表现要根据结构纹理特点进行描绘，通过勾勒其轮廓，把黑、白、灰三个层面表现出来，这样石头就有了立体感，不可把轮廓线勾画得太死，用笔需要注意顿挫曲折。中国画的山石表现方法能充分表现出山石的结构、纹理特点，中国画讲求的"石分三面"和"皴"等，都可以很好地表现山石的立体感和质感。不同山石的形态，纹理表现时最好参照相关的参考资料。（图3-21、图3-22、图3-23、图3-24、图3-25）

图 3-21 景观石景马克笔表现（邓蒲兵）

图 3-23 景观山石组合马克笔表现（邓蒲兵）

图 3-22 景观山石组合马克笔表现（邓蒲兵）

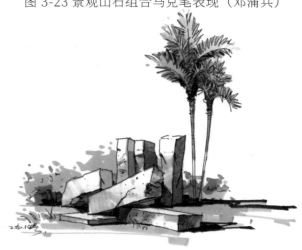

图 3-24 景观山石组合马克笔表现（邓蒲兵）

图 3-25 水面马克笔表现（邓蒲兵）

3.2.3 建筑与景观小品表现

　　建筑、景观小品一般是指体量小巧、功能简明、造型别致、富有情趣、选址恰当的精美建筑景观构筑物。其内容丰富，在建筑园林中起点缀环境、活跃景色、烘托气氛、加深意境的作用，既能美化环境，丰富园趣，又能为游人提供休息和公共活动的场所，使人从中获得美的感受。

　　建筑、景观小品的分类：树池、景墙、休闲座椅。（图 3-26、图 3-27）

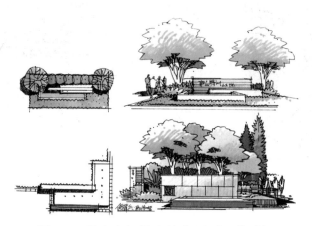

图 3-26 叠水空间马克笔表现（邓蒲兵）

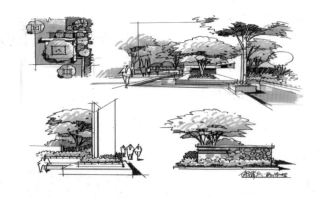

图 3-27 景墙空间马克笔表现（邓蒲兵）

3.2.4 人物、交通工具等配景表现

　　在进行景观空间表现时，需要熟练掌握不同景观元素的表达，而常用的景观元素包括人物、建筑、交通工具、树木、地形、天空等，对它们的形态进行整合，形成特定的造型，概括于纸面上。在空间表现前期，多进行一些这方面的技巧训练十分必要，然而画好这些基本的元素并非公式，它只是帮助我们对特定对象进行快速表达，理解其中的比例、结构，从而快速掌握其基本画法。（图 3-28、图 3-29、图 3-30、图 3-31）

图 3-28 人物表现（马晓晨）

图 3-29 交通工具表现（马晓晨）

PERSPECTIVE SKETCH 3.
VIEW @ marketplace STREET.

图 3-30 景观空间中的人物表现（马晓晨）

图 3-31 景观空间中的人物与交通工具表现（马晓晨）

3.3 景观空间效果图表现

3.3.1 庭院景观表现（图 3-32、图 3-33）

图 3-32 庭院空间效果图表现（程翔军）

图 3-33 庭院空间马克笔表现（程翔军）

3.3.2 小区景观表现（图 3-34、图 3-35）

图 3-34 小区空间效果图表现（王清正）

图 3-35 小区空间马克笔表现（王清正）

3.3.3 校园景观表现（图 3-36、图 3-37）

图 3-36 校园空间效果图表现（王清正）

图 3-37 校园空间马克笔表现（王清正）

3.3.4 广场景观表现（图 3-38、图 3-39）

图 3-38 广场空间效果图表现（王清正）

图 3-39 广场空间马克笔表现（王清正）

3.3.5 公园景观表现（图 3-40、图 3-41）

图 3-40 公园空间效果图表现（王清正）

图 3-41 公园空间马克笔表现（王清正）

3.3.6 滨水景观表现 （图 3-42、图 3-43）

图 3-42 滨水空间效果图表现（王清正）

图 3-43 滨水空间马克笔表现（王清正）

第四章 景观快题图纸表现要点与绘制方法

第四章 景观快题图纸表现要点与绘制方法

景观快题方案图纸内容包含：标题、总平面图、灵感来源、设计说明、剖面图、立面图、分析图、局部效果图或鸟瞰图这几个部分。（图4-1）本章重点介绍图纸内容的每一个板块的表达要点、绘制方法及范例展示。

图 4-1 景观方案图纸内容（王清正）

4.1 总平面图

4.1.1 标题

位置：在排版考虑时不应先占据位置，将主要图纸排好以后再用标题填空。

字体：不要太大，也不要涂太黑，以免抢眼，通常以正标题为宜，可选择一种字体进行多加练习。（图4-2）

图 4-2 标题（王清正）

4.1.2 总平面图（图 4-3）

图 4-3 总平面图（王清正）

1. 指北针（图 4-4）

景观平面图上应该标注方向，方向是用指北针表示。

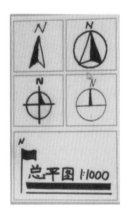

图 4-4 指北针

2. 比例尺（图 4-5）

景观平面、立面、剖面图常用的比例

图纸名称	常用比例	可用比例
总平面图	1:500、1:1000、1:2000	1:2500、1:5000
平面、立面、剖面图	1:50、1:100、1:200	1:150、1:300
详图	1:1、1:2、1:5、1:10、1:20、1:50	1:25、1:30、1:40

图 4-5 比例尺

3. 剖切符号（图 4-6）

剖切符号由剖切位置线、投影方向线及编号组成。剖切位置线的长度为 6-8mm，投影方向线的长度为 4-6mm，均用粗实线绘制编号采用阿拉伯数字或者大写字母来表示。

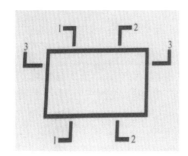

图 4-6 剖切符号

4. 其他符号（景点命名引出符号、竖向设计符号、入口符号等）

（1）景点命名引出符号（图 4-7）

画法：用细实线绘制，宜采用水平的直线，与水平方向成 30 度、45 度、60 度、90 度的直线，文字说明写在水平线上方或水平线的端部。

另一种是直接拉出引出线，在引出线上方进行文字说明。

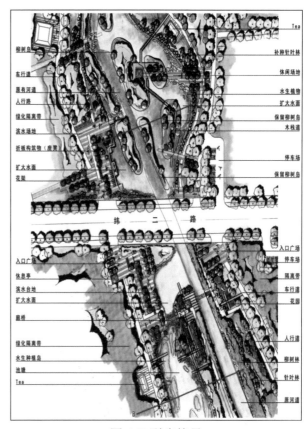

图 4-7 引出符号

（2）竖向设计符号（图 4-8）

竖向设计也称为"高程设计"，平面上一般用等腰三角形加上数字标注来进行。

在快题手绘图中必须标注的高程有：场地最高点、最低点及参照点。

图 4-8 竖向设计

注意：在快题考试中，我们一般用红色标注竖向，达到醒目的效果。

（3）入口符号

用红色三角形表示入口方向位置，并用文字表明主次入口。

5. 文字说明类（植物配置表、用地平衡表、经济技术指标、设计说明等）

（1）植物配置表（图4-9）

一般用于表示设计场地中使用的植物类型。需标注：序号、图例、名称等或可直接拉出线标注，植物名称（分三层：乔—灌—草）。

图 4-9 植物配置

（2）用地平衡表（图4-10）

用表格的形式，大致说明各主要用地的占地面积。包括绿地、道路及场地、水体、建筑等。

用地类型	面积（平方米）	比例（%）	备注
道路及场地	40600	8.38	
建筑	15400	3.18	
水体	141260	29.14	其中中心湖面积74580、河渠66680
绿化	287466	59.30	
总计	484726	100	

图 4-10 用地平衡表

（3）经济技术指标

用地面积：32000 平方米

建筑占地面积：800 平方米

建筑密度：2.50%

绿地率：74%

绿地率：一般来说，公园的绿地率大于60%，特别是街头绿地和社区公园。广场的绿地率小于40%。

（4）设计说明

先将设计区位描述一遍，再解释自己的设计思想及理论，大概200-300字左右，最好分3段写。

第一段：基址概况

该公园作为城市的一个重要组成部分，不仅美化环境，还是城市文明的标志。该公园位于……（地址）、……（什么路和什么路的交叉口，周边环境）、占地总面积、功能定位。

第二段：设计思想

设计的主导思想以生态保护、文化传播、美化环境、便民简洁为主。充分发挥绿地效应，坚持以人为本，体现现代的生态环保型设计思想。

①本设计共5大功能区域；

②共设计4个入口，其中主入口为……次入口为……；

③植物配置以乡土树种为主、疏密适当、高低错落、形成一定的层次感、色彩丰富、主要以常绿树种为"背景"，各种花灌木搭配；

④特色景点描述。

第三段：展望未来

通过设计，满足……的需要，打造一个城市新的休闲地带。

4.2 剖面图、立面图的绘制方法（图4-11、图4-12、图4-13、图4-14）

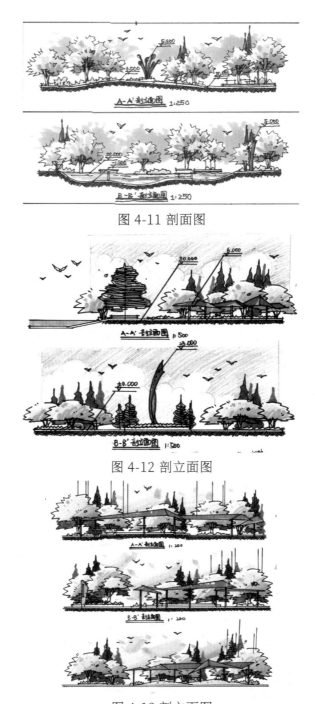

图 4-11 剖面图

图 4-12 剖立面图

图 4-13 剖立面图

图 4-14 立面图

4.3 透视图表现（图 4-15、图 4-16、图 4-17、图 4-18、图 4-19、图 4-20、图 4-21、图 4-22、图 4-23）

图 4-15 主题构筑物效果图（王清正）

图 4-16 高差台阶效果图（王清正）

图 4-17 古典水景庭院效果图（王清正）

图 4-18 儿童活动区效果图（王清正）

图 4-19 标识牌效果图（王清正）

图 4-20 廊亭效果图（王清正）

图 4-21 水景构筑物效果图（王清正）

图 4-22 儿童活动区效果图（王清正）

图 4-23 主题雕塑效果图（王清正）

4.4 设计分析图表现

4.4.1 功能分区图（图 4-24、图 4-25、图 4-26、图 4-27）

常见的城市公园的功能分区有：文化娱乐区、中心活动区、运动健身区、儿童游戏区、安静休息区、老人活动区、观赏游览区、滨水活动区、阳光草坪区、密林体验区、湿地生态区等。

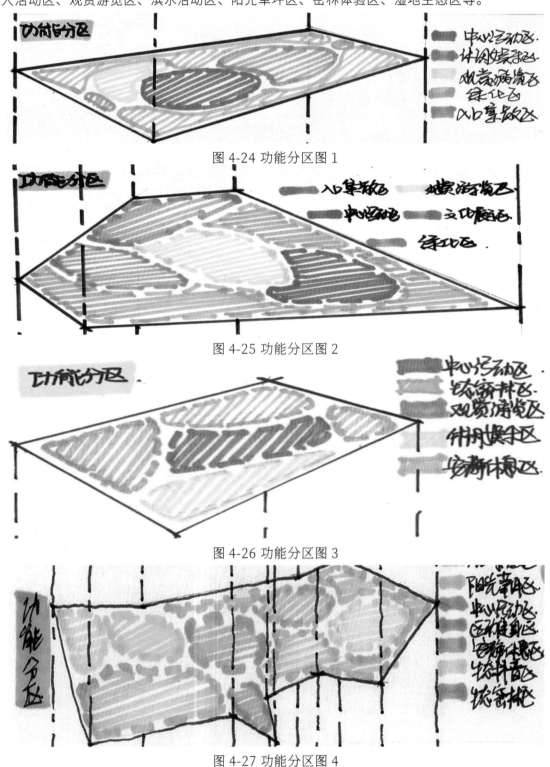

图 4-24 功能分区图 1

图 4-25 功能分区图 2

图 4-26 功能分区图 3

图 4-27 功能分区图 4

4.4.2 结构分析图（图4-28、图4-29、图4-30、图4-31）

结构分析图主要是表达图面中主要景观元素之间的关系，常常描述为"几环、几轴、几中心"，在景观设计中主要表达主次出入口、主次轴线、主要道路、主次节点、水系之间的关系。

1. 虚线或者点画线表示出实轴和虚轴的关系；

2. 出入口可以用箭头来表示；

3. 主要道路用不同色彩的线条来表示；

4. 水系用蓝色的线条概略地勾出主要边线；

5. 节点可以用各种圆形的图例来表示。

图 4-28 景观结构 1

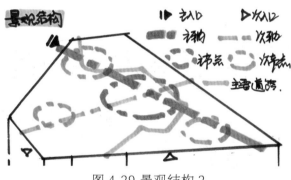

图 4-29 景观结构 2

图 4-30 景观结构 3

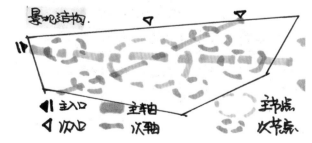

图 4-31 景观结构 4

4.4.3 流线分析图

道路等级越高，线条越粗。（图4-32、图4-33、图4-34）

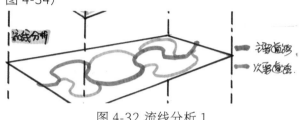

图 4-32 流线分析 1

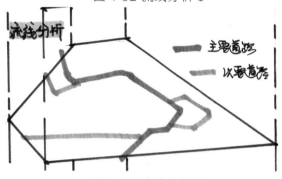

图 4-33 流线分析 2

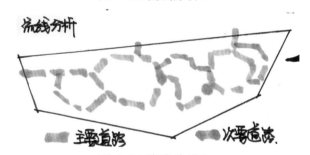

图 4-34 流线分析 3

4.4.4 空间分析图

空间分析是控制并展示整个景观空间的关键，能清楚地体现整个设计的疏密关系。一般而言有三种类型的空间：开敞空间、半开敞空间以及私密空间。（图4-35、图4-36、图4-37）

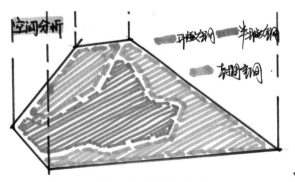

图 4-35 空间分析 1

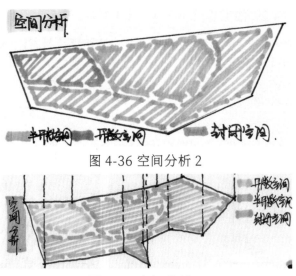

图 4-36 空间分析 2

图 4-36 空间分析 3

4.4.5 植物分析图

1. 按照植被自身特性分为：阔叶林区、针叶林区、花灌木区、草花地被区。

2. 按照种植疏密分为：密林区、疏林区、草地区、水生植物区。

3. 根据植物造景季相变化分为：春景区、夏景区、秋景区、冬景区。（图 4-38、图 4-39）

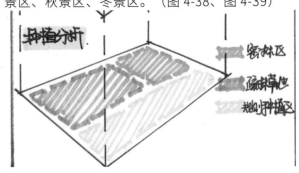

图 4-38 植物分析 1

图 4-39 植物分析 2

4.5 定稿与排版

基本原则：（1）对位关系——多个平面图，平面立面最好保持一定的对位关系；（2）先主后次；（3）不要挤在图纸边缘。（图 4-40、图 4-41）

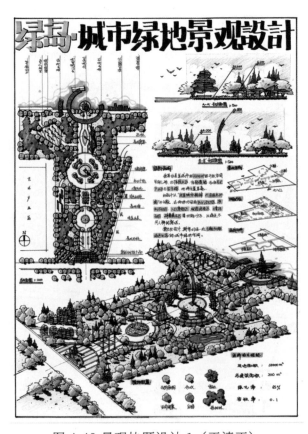

图 4-40 景观快题设计 1（王清正）

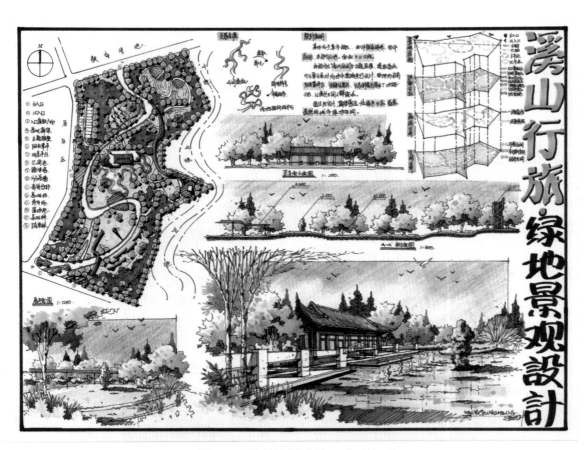

图 4-41 景观快题设计 2（王清正）

第五章 景观快题方案表达与作品赏析

第五章 景观快题方案表达与作品赏析

5.1 不同空间景观快题设计表达

5.1.1 庭院空间景观快题表现（图5-1、图5-2、图5-3）

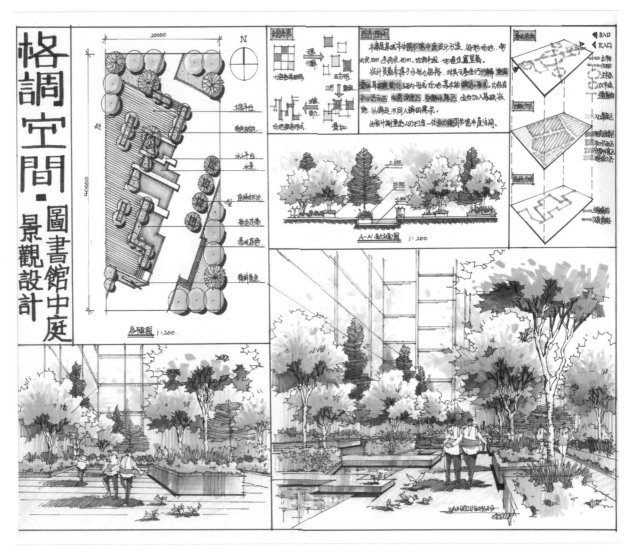

图 5-1 庭院景观快题方案（王清正）

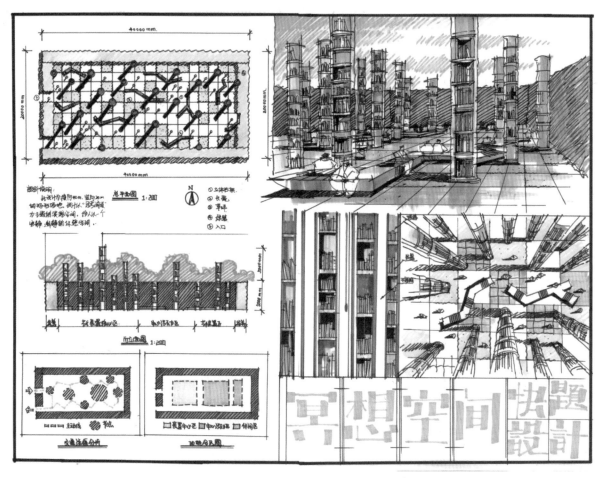

图 5-2 庭院景观快题方案（王清正）

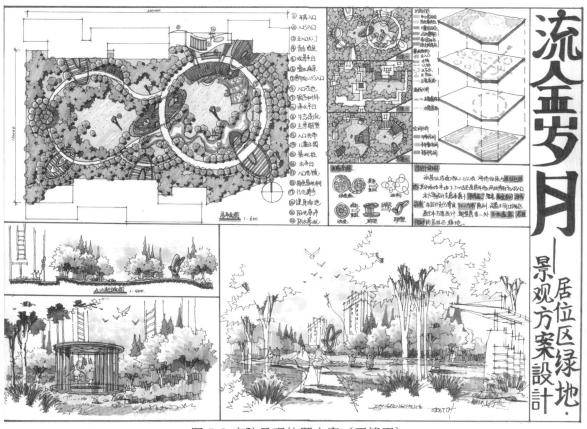

图 5-3 庭院景观快题方案（王清正）

5.1.2 小区空间景观快题表现（图 5-4、图 5-5）

图 5-4 小区景观快题方案（王清正）

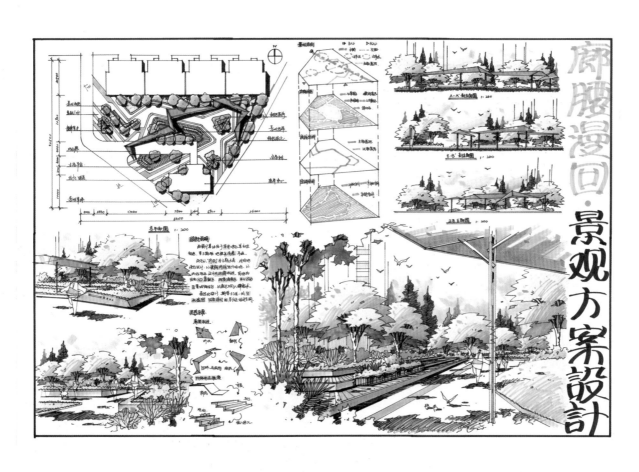

图 5-5 小区景观快题方案（王清正）

5.1.3 校园空间景观快题表现（图 5-6、图 5-7）

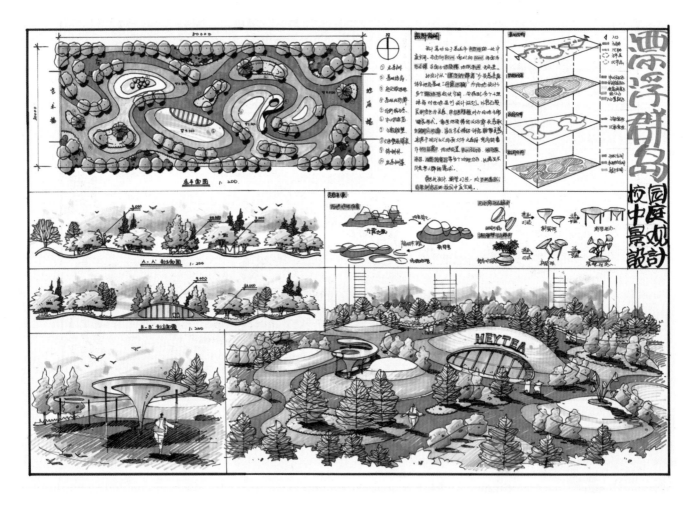

图 5-6 校园景观快题方案（王清正）

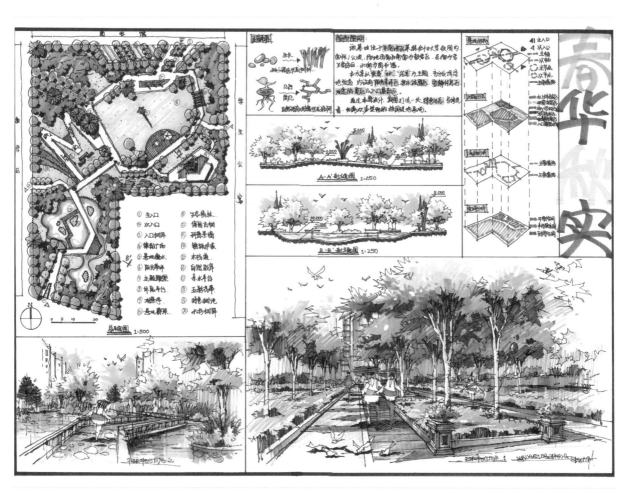

图 5-7 校园景观快题方案（王清正）

5.1.4 城市广场景观快题表现（图 5-8、图 5-9）

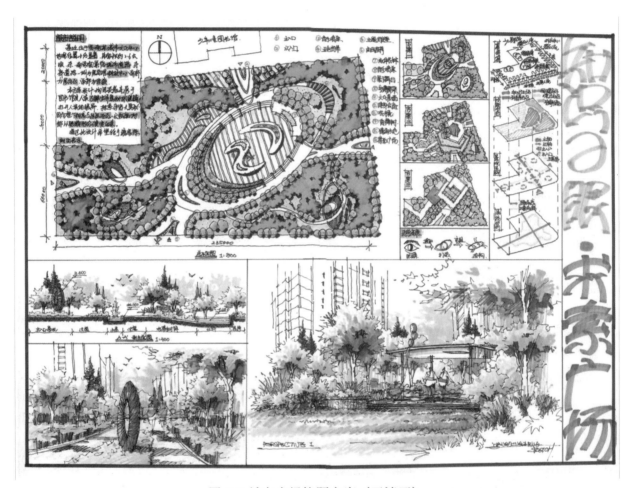

图 5-8 城市广场快题方案（王清正）

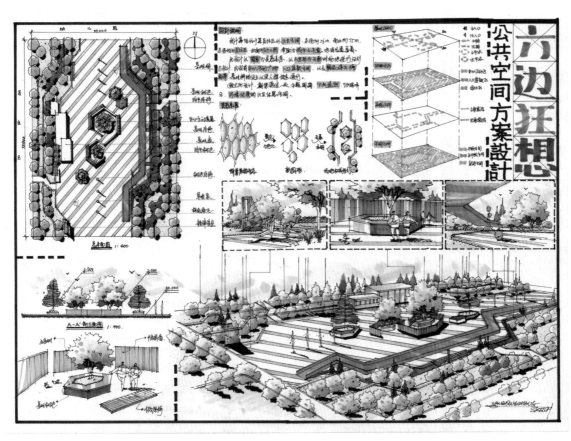

图 5-9 城市广场快题方案（王清正）

5.1.5 城市绿地景观快题表现（图 5-10、图 5-11）

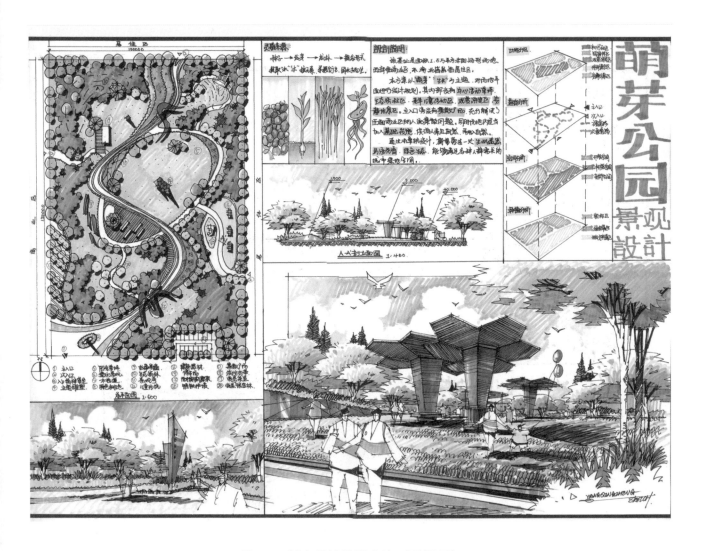

图 5-10 城市绿地快题方案（王清正）

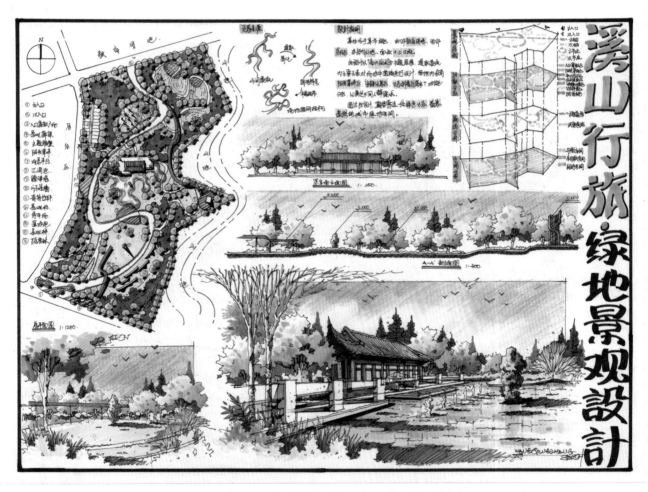

图 5-11 城市绿地快题方案（王清正）

5.1.6 棕地公园景观快题表现（图5-12）

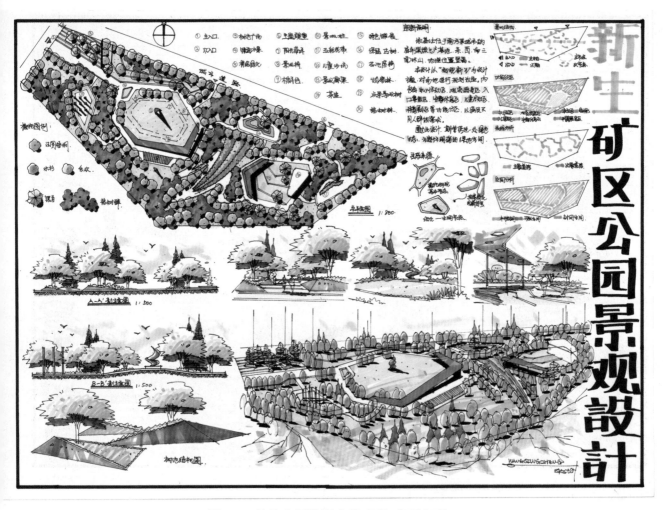

图5-12 棕地公园快题方案表现（王清正）

5.1.7 滨水空间景观快题表现（图 5-13）

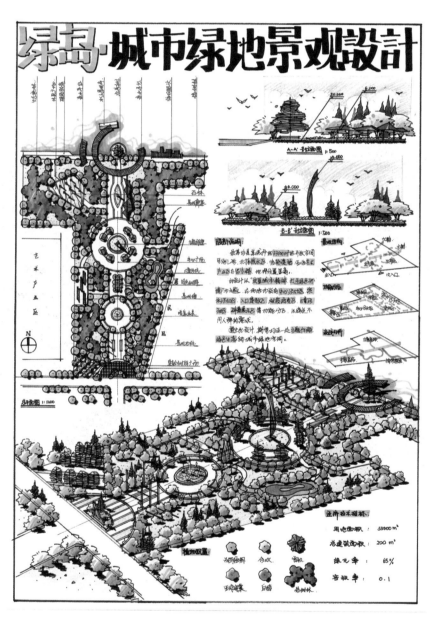

图 5-13 滨水空间快题方案表现（王清正）

5.2 优秀效果图与快题方案赏析

5-14 作者：王清正

5-15 作者：王清正

5-16 作者：王清正

5-17 作者：王清正

5-18 作者：王清正

5-19 作者：王清正

5-20 作者：王清正

5-21 作者：王清正

5-22 作者：王清正

5-23 作者：王清正

5-24 作者：王清正

5-25 作者：王清正

5-26 作者：王清正

5-27 作者：王清正

5-28 作者：王清正

5-29 作者：余超超

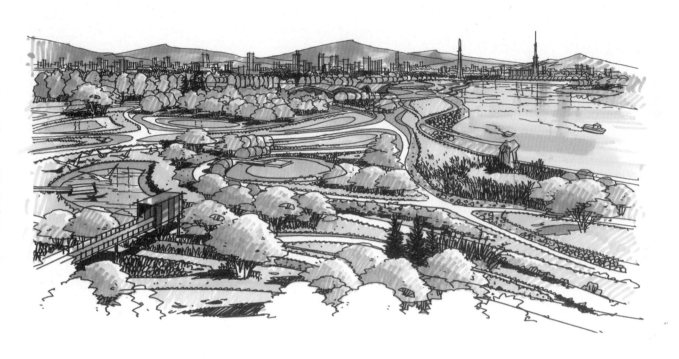

5-30 作者：王清正

5-31 作者：王清正

5-32 作者：余超超

5-33 作者：余超超

5-34 作者：余超超

5-35 作者：余超超

5-36 作者：余超超

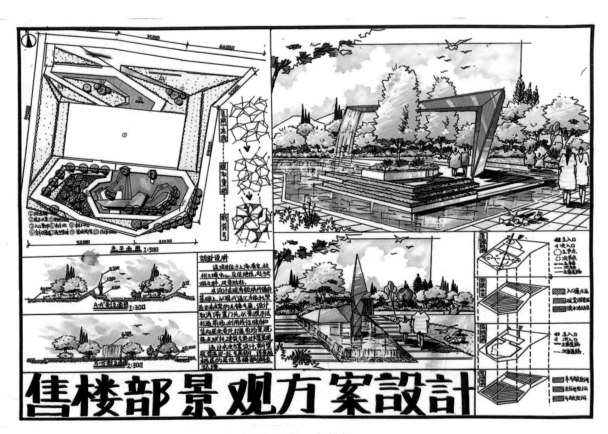

5-37 作者：余超超

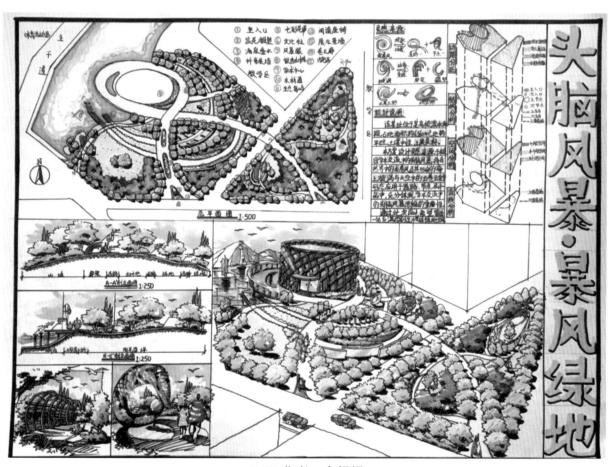

5-38 作者：余超超

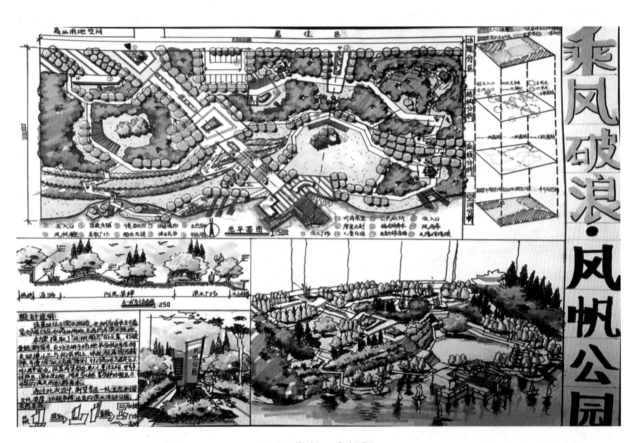

5-39 作者：余超超

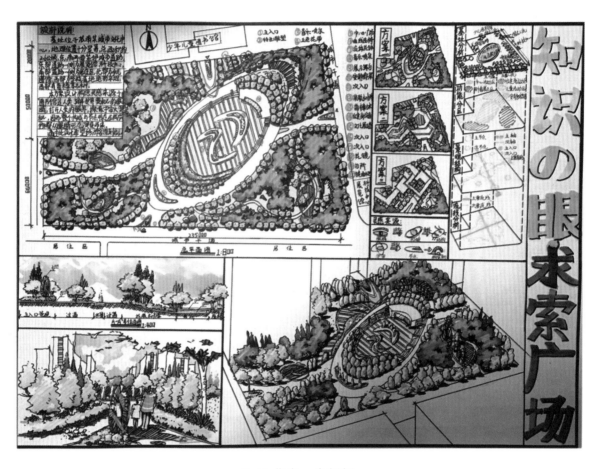

5-40 作者：余超超

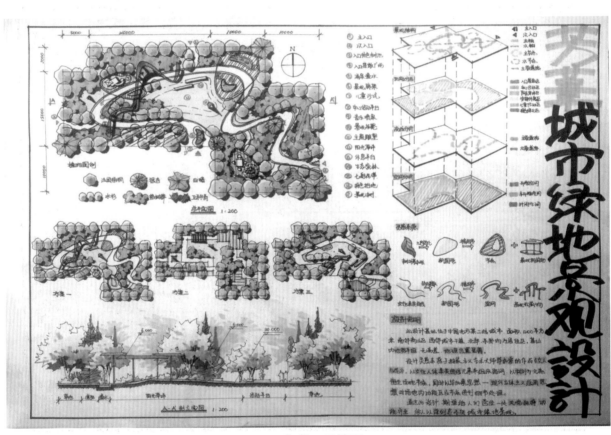

5-41 作者：王清正

5-42 作者：王清正

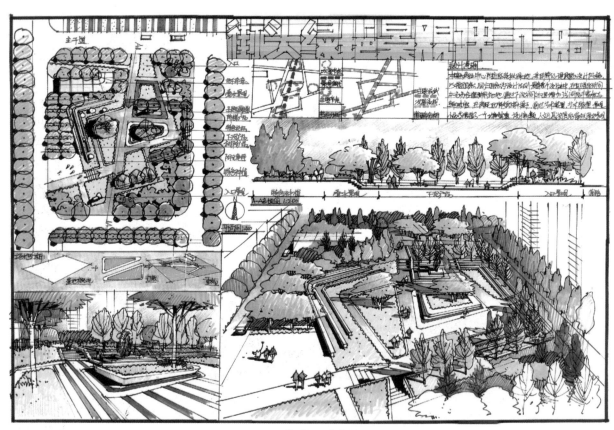

5-43 作者: 余超超

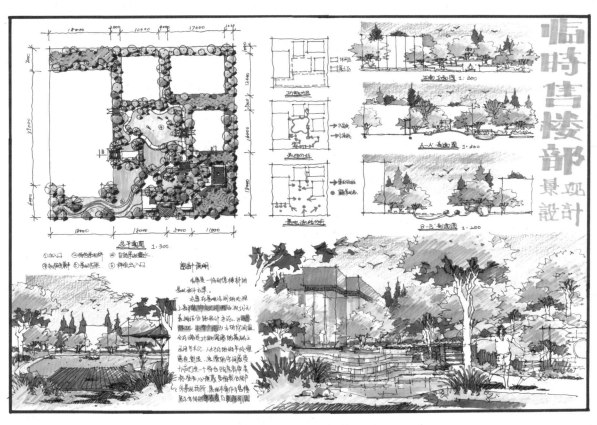

5-44 作者：王清正

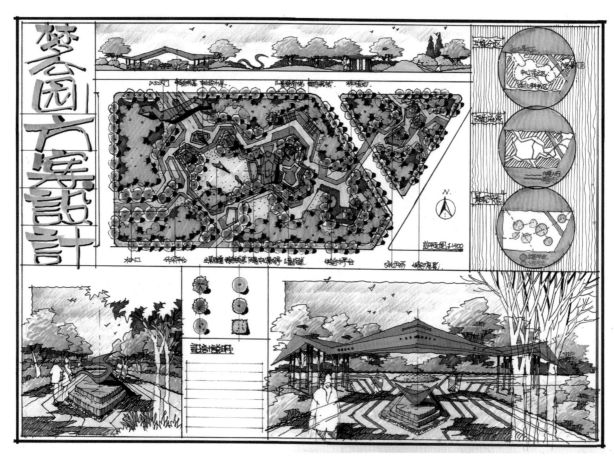

5-45 作者：余超超

5-46 作者：余超超

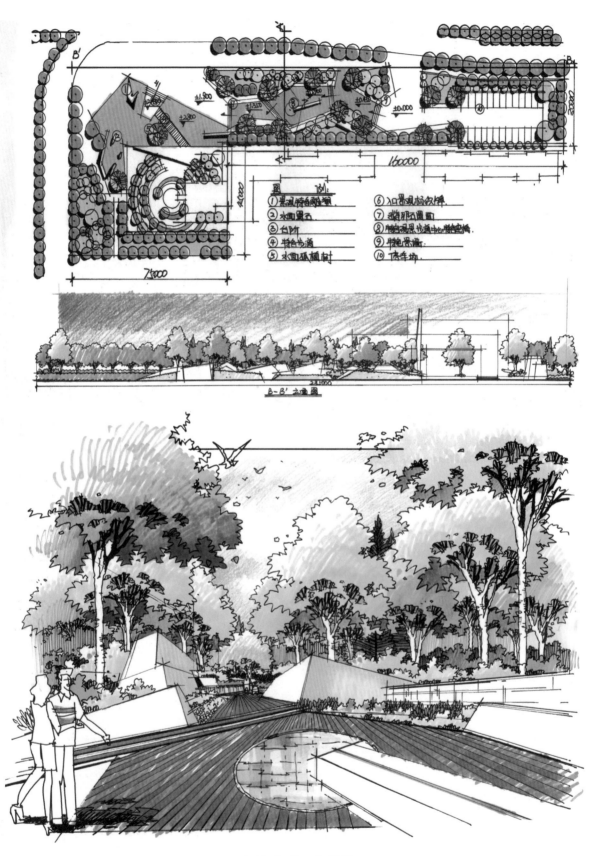

5-47 作者：余超超

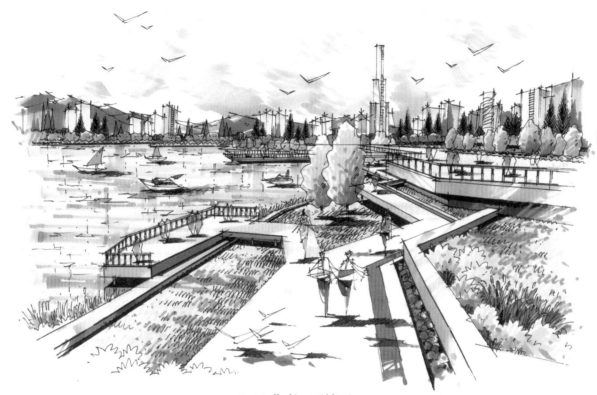

5-48 作者：王清正

5-49 作者：王清正

5-50 作者：王清正

5-51 作者：王清正

5-52 作者：王清正

5-53 作者：王清正

5-54 作者：王清正

5-55 作者：王清正

5-56 作者：王清正

5-57 作者：王清正

5-58 作者：王清正

5-59 作者：王清正